纺织艺术设计
TEXTILE DESIGN

2014年第十四届全国纺织品设计大赛暨国际理论研讨会
14TH CHINA TEXTILE DESIGN COMPETITION & INTERNATIONAL CONFERENCE 2014

2014年国际刺绣艺术设计大展——传承与创新
INTERNATIONAL EMBROIDERY ART EXHIBITION—INHERITANCE & INNOVATION 2014

国际刺绣作品集
WORKS COLLECTION OF INTERNATIONAL EMBROIDERY

张宝华 主编

清华大学美术学院
2014年第十四届全国纺织品设计大赛暨国际理论研讨会组委会 编

中国建筑工业出版社

图书在版编目（CIP）数据

纺织艺术设计　2014年第十四届全国纺织品设计大赛暨国际理论研讨会　2014年国际刺绣艺术设计大展——传承与创新　国际刺绣作品集/张宝华主编；清华大学美术学院，2014年第十四届全国纺织品设计大赛暨国际理论研讨会组委会编.—北京：中国建筑工业出版社，2014.4
　　ISBN 978-7-112-16518-6

　　I.①纺… II.①张…②清…③2… III.①纺织品-设计-国际学术会议-文集-汉、英②刺绣-工艺美术-作品集-中国-现代 IV.①TS105.1-53②J523.6

中国版本图书馆CIP数据核字（2014）第042099号

责任编辑：吴　绫　李东禧
责任校对：姜小莲　刘梦然

纺织艺术设计
2014年第十四届全国纺织品设计大赛暨国际理论研讨会
2014年国际刺绣艺术设计大展——传承与创新
国际刺绣作品集
张宝华　主编
清华大学美术学院
2014年第十四届全国纺织品设计大赛暨国际理论研讨会组委会　编
*
中国建筑工业出版社出版、发行（北京西郊百万庄）
各地新华书店、建筑书店经销
北京嘉泰利德公司制版
北京画中画印刷有限公司印刷
*
开本：880×1230毫米　1/16　印张：6¼　字数：200千字
2014年4月第一版　2014年4月第一次印刷
定价：68.00元
ISBN 978-7-112-16518-6
　　　（25374）

版权所有　翻印必究
如有印装质量问题，可寄本社退换
（邮政编码100037）

卷首语

在世界政治、经济、文化的不断发展与碰撞之中，艺术设计领域也非常活跃地在不同的层面上进行交流与融合。

2014年是清华大学艺术与科学研究中心主办的"全国纺织品设计大赛暨国际理论研讨会"的第14年，此届大赛及论坛汇集国内外多所高等院校的纺织品设计作品以及刺绣艺术作品，共同致力于为艺术设计教育构建一个活跃的交流平台。活动倡导自然、环保、融合、人文的理念，充分展示国内高等院校的染织专业特色和艺术设计水平，通过作品与交流促进高校染织艺术设计教育的发展。同时，以"穿针引线、针线之艺"为本届研讨会主题，通过刺绣这门针尖上的艺术话题，为传统刺绣技艺在当代的应用、弘扬、传承以及了解国际染织艺术设计教育的发展趋势状况展开相互交流。不同国家、民族、宗教及不同时代都有其独特的刺绣艺术语言，参展作品中可以看到传承与创新对今天的重要性，各国的传统文化为各自艺术设计教育提供了基础。

展览作品反映出传统与现代观物取象的不同方式，传统的刺绣艺术形式随着时间的推移，慢慢沉淀出艺术智慧的精华，同时也看出当今刺绣艺术家从认识传统、认同传统中将传统转化到现代的刺绣艺术创作之中，并从中看出传统艺术在今天的应用中的创新与发展。

在信息化时代的今天，多种学科的交融成为艺术设计的趋势，各学科之间相互影响，相互碰撞，染织艺术设计教育也在随着时代的发展与要求与时俱进。染织艺术设计始终伴随着科技的发展，只是在不同的时期与不同学科相融合的程度不同，当今的染织艺术设计更是要求在新技术、新材料、新观念中融合传统的力量不断发展创新。

我们深知优秀的非物质文化遗产的价值在于其无形的精神价值，对今天的高等艺术设计教育的知识体系是非常重要的，也希望通过展览与交流探索适合现代教育机制的传统文化的传承方法和教育教学方式，促进我国的染织艺术设计教育的更好发展。

清华大学美术学院院长

目录 CONTENTS

卷首语　鲁晓波

2014年国际刺绣艺术设计展作品 / International Embroidery Art Exhibition Works 2014

- 001　A Wake　Ayako Osaki
- 002　缝的形态　出居 麻美
- 003　民间刺绣挎包　陈立
- 004　广绣·花城礼品设计"南国"系列"青花"系列　丁敏
- 005　Flowers and Butterflies　Doh. Jungji；Free Time of Mallard　Kwon Hosoon
- 006　Unknown Territory　Gloria WONG
- 007　彝风彝韵　高强
- 008　Lucent Illusion　Jeanne Tan, Ziqian Bai
- 009　蝶语　恋恋青花　金家虹
- 010　Morning Imagination　John Martono
- 011　Shoes of the King of Goguryeo(Mud flat)　Jung. Myungja
- 012　风景印象——樱九歌　贾玺增、吴春燕
- 013　Cosmic Flora　菅野 健一
- 014　White Fracture　Kahfiati Kahdar
- 015　The Warrping Cloth Embroidered with Petals　Kim. Taeja
- 016　Propose Lee Chongae；Embroidered Spoon case　Jeong. Jinsuk
- 017　草虫图　Lee Kyunghee
- 018　Insignia with Embroidered Turtle Design　Jin Eunju；Dear My Father　Lee Taehyun
- 019　围·困　刘娜
- 020　韵致　李薇
- 021　旧　李迎军
- 022　COCOON　Megumi Aikawa
- 023　爱的探索　美丽的花　马坤
- 024　线　马彦霞
- 025　Pine Needles　Nobuyo Okada
- 026　Destination of Mind　Noriko Aotani
- 027　The Palanquin Carrying Queen Jeongsun　Park Sehee
- 028　Square　桥本 圭也
- 029　一霎嫣红　秦寄岗
- 030　黑旗袍　孙晗
- 031　Purse with Pearl and Golden Thread　Son. Eunsoon；Grass and Insects　Ham. Sanghee
- 032　溢出的绣线　沈晓平
- 033　带/松竹梅　上原 利丸
- 034　境　田青
- 035　生活·格调　王斌
- 036　颂　吴波
- 037　秦绣·红剪　王丹丹
- 038　鱼鸟兽系列　王晶晶
- 039　海峤春华　吴晓平
- 040　红韵　吴越齐
- 041　苏州新梦——园林1　苏州新梦——园林2　姚惠芬
- 042　吉祥鸟　杨建军
- 043　繁华迷住了眼睛　杨颐
- 044　静　张宝华
- 045　绽放·生命　张红娟
- 046　"周而复始"系列　张靖婕
- 047　春秋　张树新
- 048　毛毡刺绣作品系列：幽、纱、绚、纽　郑晓红
- 049　忆·唐　朱小珊
- 050　自然之舞　臧迎春、詹凯、郑叶青
- 051　锦绣　朱医乐
- 052　盛开　朱轶姝
- 053　簇　关帅
- 054　虚无123　禁锢　冬日风情　李方舟
- 055　青色烟雨　罗楠

056	落花流水 刘亚	062	秦韵绵延 钱茵
057	绣语 刘玥	063	禅语·衣道 王一崝
058	雨中伞 马颖	064	四季 徐静丹
059	饰 牛海勇	065	阿锦系列——8号 杨锦雁
060	绣·趣 钮锟	066	化纱 张笑醒
061	Harmony in Love 潘鑫		

民间刺绣作品   Folk Embroidery Works

068	戏曲刺绣展品（1） 中国中华文化促进会织染绣艺术中心 张琴提供	079	贵州侗族刺绣背带 中国
069	戏曲刺绣展品（2） 中国中华文化促进会织染绣艺术中心 张琴提供	080	贵州苗族民间刺绣（1） 中国
070	戏曲刺绣展品（3） 中国中华文化促进会织染绣艺术中心 张琴提供	081	贵州苗族民间刺绣（2） 中国
071	戏曲刺绣展品（4） 中国中华文化促进会织染绣艺术中心 张琴提供	082	贵州苗族民间刺绣（3） 中国
072	戏曲刺绣展品（5） 中国中华文化促进会织染绣艺术中心 张琴提供	083	贵州苗族民间刺绣（4） 中国
073	戏曲刺绣展品（6） 中国中华文化促进会织染绣艺术中心 张琴提供	084	埃及民间刺绣 埃及
074	戏曲刺绣展品（7） 中国中华文化促进会织染绣艺术中心 张琴提供	085	墨西哥民间刺绣（1） 墨西哥
075	戏曲刺绣展品（8） 中国中华文化促进会织染绣艺术中心 张琴提供	086	墨西哥民间刺绣（2） 墨西哥
076	贵州施洞苗族刺绣服装 中国	087	土耳其民间刺绣（1） 土耳其
077	贵州苗族刺绣服装 中国	088	土耳其民间刺绣（2） 土耳其
078	贵州苗族刺绣背带 中国	089	印度民间刺绣 印度

2014年国际刺绣艺术设计展作品
International Embroidery Art Exhibition Works 2014

ARTIST NAME: Ayako Osaki
COUNTRY: Japan

CURRICULUM VITAE:
Part-time Lecturer, Joshibi University Arts and Design, Major : Textiles.
Part-time Researcher, Joshibi Research Institute.
Lecturer, Japanese Institute of Costume and Textile.
2006-2013 Kogei Art Exhibition, Metropolitan Museum, Tokyo.
            Chairman Encouragement Award, Fine Work Award.
2011 Solo Exhibition, Osaki Ayako Embroidery Works, Gallery AB-OVO, Tokyo.
Member of The Japan Society for the Conservation of Cultural Property.
Responsible person in charge of restoration of important cultural properties.
damaged by the 2011 Great East Japan Earthquake.

ARTWORK TITLE: A Wake   MATERIAL: silk fabric, silk threads, silver threads, silver foil   SIZE: 515cm(W)×365cm(H)

姓名：出居　麻美
国籍：日本

简历：1954年　出生（日本 东京）。
　　　1978年　东京造型大学造型学部Textile design专业毕业。
　　　1979～2013年　日本现代工艺美术展（东京都美术馆）。
　　　1987～2012年　日展（日本新国立美术馆）。
　　　2005～2012年　Textile in future expression（JTC）。
　　　2007年、2010年　Fiberart International 2007，2010 (USA)。
　　　现任东京艺术大学美术学部讲师，横滨美术大学美术学部讲师。

作品名称：《缝的形态》　材料：绵衬衫、毛、人造丝　尺寸：50cm（W）×80cm（H）

姓名：陈立
国籍：中国

简历：毕业于清华大学美术学院（原中央工艺美术学院）。
长期在教学一线从事染织艺术设计教学及实验教学研究，曾任硕士生导师，中国家纺协会高级家用纺织品设计师，北京服装纺织行业协会设计师分会会员。现任中华文化促进会织染绣艺术中心采蓝文化咨询有限公司设计师。

作品名称：《民间刺绣挎包》　材料：手织布　尺寸：2套

姓名：丁敏
国籍：中国

简历： 广州美术学院。

作品名称：广绣·花城礼品设计 "南国"系列 "青花"系列　材料：人造丝、厚缎、头层牛皮　尺寸：2套

ARTIST NAME: Doh. Jungji
COUNTRY: Republic of Korea

CURRICULUM VITAE:
Completion of a course of Professional Embroidery in Sookmyung university.
Grand Prize from the Korea International Tradition Arts Exhibition.
Special Award form Jeonju Tradition Arts Exhibition.

ARTWORK TITLE: Flowers and Butterflies   MATERIAL: silk, silk threads
SIZE: 45cm (W) ×59cm (H)

ARTIST NAME: Kwon Hosoon
COUNTRY: Republic of Korea

CURRICULUM VITAE:
Publication Spinning Wheel of Time C.E.O..
Adjunct Professor Wonkwang University .
Korean Publishers Association Managing Director.
Studies of Korean Publishing science Commissioner.
The Society of Asian Ethno-Forms Managing Director.
Korea Publication Ethics Commission Commissioner.

ARTWORK TITLE: Free Time of Mallard   MATERIAL: silk, silk threads
SIZE: 35cm (W) ×50cm (H)

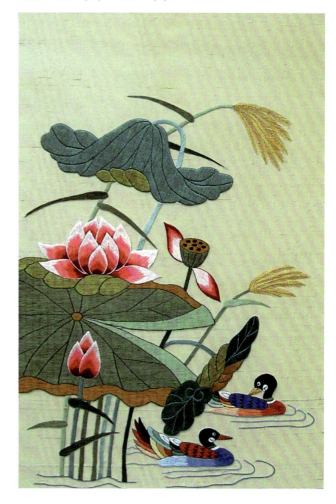

ARTIST NAME: Gloria WONG
COUNTRY: Hong Kong SAR, China

CURRICULUM VITAE:
Gloria WONG, FCSD, Fellow Member of the Chartered Society of Designers since 1990. Currently Assistant Professor, teaching fashion design in HKPolyU for more than 25 years. Her consultancy works included designing corporate image and uniform for Ritz Carlton Hotel and Hong Kong Ferry. She has curated many highly creative exhibitions, namely 'Generation Mode' in Germany, 'Berlin in Hong Kong' and 'Body and Fashion'. Gloria has also initiated many collaborative ventures in the formats of shows and exhibitions locally and internationally with prestigious organizations including HK Airport Authority, HK Jockey Club, TVB, ATV, Interstoff Asia, HKTDC, Government Information Services, HK Productivity Centre and Operation UNITE. Her creative fashion design and fiber art have been exhibited in museums in Hong Kong, China, Korea and UK.

ARTWORK TITLE: Unknown Territory   MATERIAL: polyester, wool & metallic material   SIZE: 90cm (L) ×125cm (W) ×1cm (D)

姓名：高强
国籍：中国

简历：西安美术学院服装系服饰品教研室主任。
中国职业装产业协会副主任委员。
设计作品《泥塑花开》、《暖冬》、《相遇》、《"俑"动时尚》、《自由自在》、《碰撞》、《彝韵》曾荣获国际、国内服装设计大赛金、银、铜及优秀奖等多项奖励。

作品名称：《彝风彝韵》　材料：真丝、绣片、亮片　尺寸：2套

ARTIST NAME: Jeanne Tan
COUNTRY: Hong Kong SAR, China

CURRICULUM VITAE:
Associate Professor, Institute of Textiles & Clothing, Hong Kong Polytechnic University. Dr.Jeanne Tan's research interests are photonic textiles/ fashion, surface embellishments and narrative fashion. Her works often utilize textiles and fashion as a communicative and interactive platform and using traditional aesthetics and techniques as the syntax of the creation's narrative. Dr.Tan enjoys dichotomous roles as researcher and practitioner. Her works are experimental and often crosses the disciplines of design and technology. Dr.Jeanne Tan gained her PhD at the influential Glasgow School of Art and had presented her works and research within the format of exhibitions and published articles. Dr.Tan had received prestigious awards for her work in research, design and teaching.

ARTIST NAME: Ziqian Bai
COUNTRY: Hong Kong SAR, China

CURRICULUM VIATE:
PhD Candidate, Institute of Textiles & Clothing, Hong Kong Polytechnic University. Her research focuses on interactive photonic textile design, high-tech fashion design and multi-disciplinary design.

ARTWORK TITLE: Lucent Illusion   MATERIAL: optical fiber, polyester yarn, LEDs, metal, sensor   SIZE: 150cm (W) ×60cm (H)

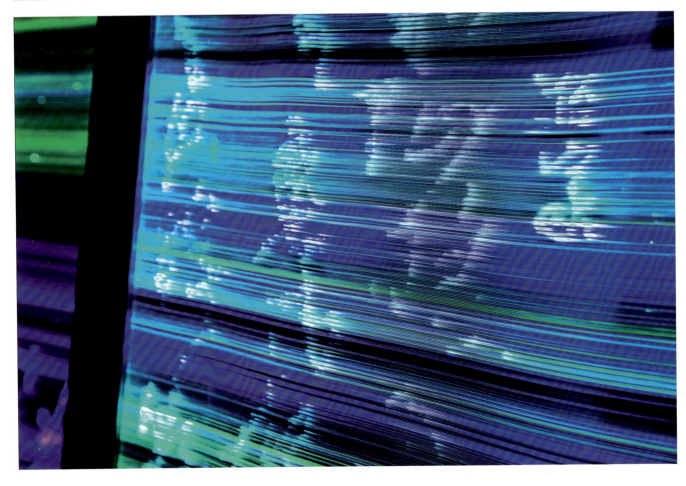

姓名：金家虹
国籍：中国

简历：杭绣省级非物质文化传承人。从艺近三十年来一直致力于刺绣传统针法的收集、研究和精品设计创作工作。作品在延续杭绣闺阁绣风格的同时，能充分吸收其他艺术品种的精髓，大胆创新，注重将传统针法和现代创意相结合，风格隽永清新。

作品名称：《蝶语》《恋恋青花》　　材料：真丝绡、真丝线　　尺寸：66cm（W）×87cm（H），89cm（W）×72cm（H）

ARTIST NAME: John Martono
COUNTRY: Indonesia

CURRICULUM VITAE:
2007 Fiber Art Exhibition, Okinawa, Japan.
2007 The World Trienalle of Tapestry, Lodz, Poland.
2008 Asian Fiber Art Exhibition, Bentara Budaya, Jakarta.
2009 NORTH ART SPACE Taman Impian Jaya Ancol Jakarta.
2010 The 25th Asian International Art Exhibition, Modern Art Gallery Mongolia.
2011 Fiber Art Exhibition, Jogjakarta.
2012 Contemporary Craft Exhibition, National gallery, Jakarta.
2013 Textile Art Exhibition, Grassi Museum, Berlin.
2013 Solo Exhibition, Hotel royal Culan, Kuala lumpur.
2013 Solo Exhibition, Bentara Budaya, Jakarta.

ARTWORK TITLE: Morning Imagination   MATERIAL: silk   SIZE: 60cm (W) ×60cm (H)

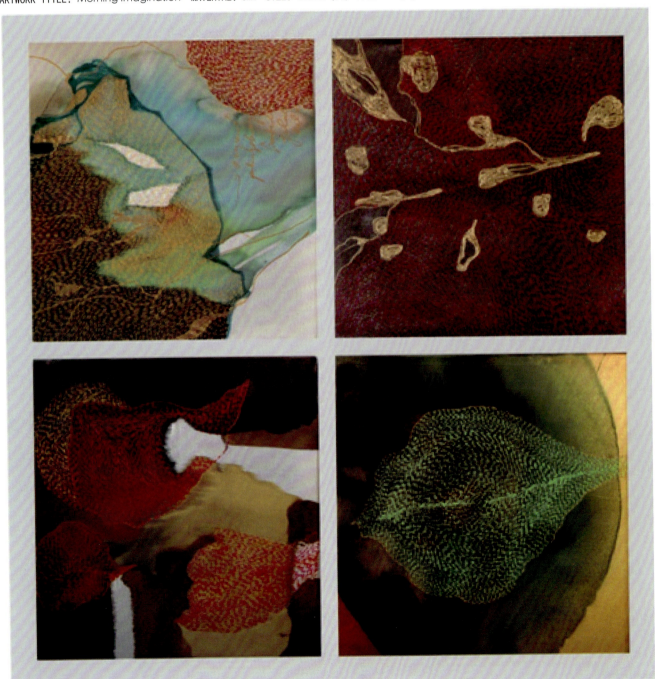

ARTIST NAME: Jung. Myungja
COUNTRY: Republic of Korea

CURRICULUM VITAE:
1997　Permanent Exhibition of 4 peices of royal carriage in Kimpo International Airport.
2004　Director of Korea-Japan Cultural Exchange Association Historical research production for traditional clothing props of the film 'Untold Scandal'.
2007　Historical research production for traditional clothing props of the film 'Beyond the Years'.
2009　'Queen's tea dance' and Royal clothing ceremony for Jeju G20 Summit.
2010　Special exhibition of Korea Master Jung Myungja for the World Master Festival of Yeosu Expo.
2011　Korean royal clothing ceremony and royal tea dance for national holiday of Laos, appreciation plaque received.
2013　Award certificate received from Congressperson(Embroidery of Taegeukgi).
　　　Special exhibition of Taegeukgi Embroidery at meeting hall of Congressperson.

ARTWORK TITLE: Shoes of the King of Goguryeo (Mud flat)　　MATERIAL: silk, gold yarn　　SIZE: 26cm (W) ×15cm (H)

姓名：贾玺增
国籍：中国

简历：博士，清华大学美术学院染织服装艺术设计系教师。
河北澳维纺织羊绒设计与研发中心艺术总监。
主要研究方向：中国古代服饰艺术史及新中国风时装设计。

姓名：吴春燕
国籍：中国

简历：河北澳维纺织羊绒设计与研发中心设计师。

作品名称：《风景印象——樱九歌》　　材料：羊绒

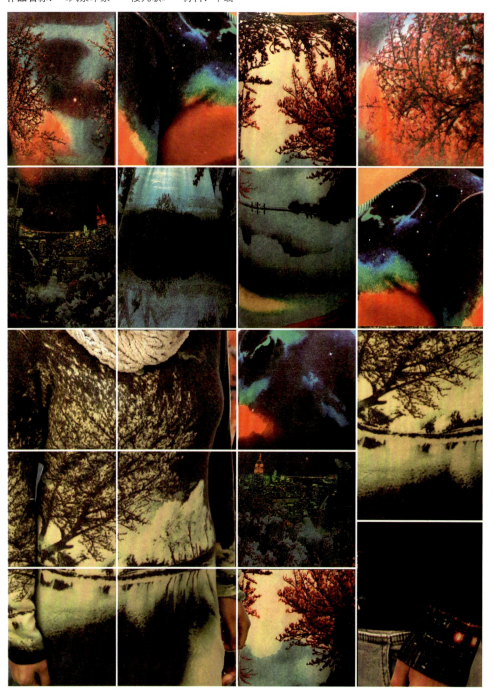

姓名：菅野　健一
国籍：日本

简历：1950年　出生（日本横滨市）。
　　　1977年　东京艺术大学大学院美术研究科工艺系染织专业获硕士学位。
　　　1990~2012年　个展（日本　御园画廊）。
　　　2006~2012年　Cherimoya 联展（日本）。
　　　2005~2012年　Textile in future expression (JTC)。
　　　2010年　TEXTILE CONNECTION (东京艺术大学)。
　　　2011~2013年　日越国际交流作品展。
　　　2013年　中日茶文化交流展。
　　　现任东京艺术大学美术学部教授。

作品名称：Cosmic Flora　　材料：丝、酸性染料　　尺寸：175cm（W）×320cm（H）

ARTIST NAME: Kahfiati Kahdar
COUNTRY: Indonesia

CURRICULUM VITAE:
- 2012 Developing of Batik Batang, Pekalongan, kemenparekraf.
- 2012 Anyaman Sintang Kemenparekraf.
- 2013 Journal International CCA, Seoul, Korea.
- 2013 Revival of Indonesian Fashion Through Textile. The Research Journal of The Costume Culture. Korea Reseach Foundation Citation index (KCI).
- 2013 Guest Lecturer ESMOD Jakarta, Creative Fabric.
- 2013 Biennalle Design and Craft Indonesia.
- 2013 Batik Contemporer Exhibition, Berlin, Jerman.
- 2013 'Mapping Craft' exhibition, Galery Nasional, Jakarta.

ARTWORK TITLE: White Fracture   MATERIAL: silk   SIZE: 110cm (W) ×400cm (H)

ARTIST NAME: Kim. Taeja
COUNTRY: Republic of Korea

CURRICULUM VITAE:
Master of Ja Su Craftwork (1996).
Korean Important Intangible Cultural Asset No. 80.
Presented Mural Embroidery for ASEM conference hall.
Adjunct professor in Sookmyung Women's University.
Adjunct professor in Korean National University of Cultural Heritage.

ARTWORK TITLE: The Warrping Cloth Embroidered with Petals   **MATERIAL:** silk, silk threads, knot   **SIZE:** 35cm×35cm

ARTIST NAME: Lee Chongae
COUNTRY: Republic of Korea

CURRICULUM VITAE:
Completion of a course of Professional Embroidery in Sookmyung University.
The chairman of a society for industrial arts in Inchon.
The Excellence Award at Korea New Art Festival.
Grand Award at International Tradition Art.
Bronze Award at Tourism Package Contest in Inchon.

ARTIST NAME: Jeong. Jinsuk
COUNTRY: Republic of Korea

CURRICULUM VITAE:
2011-2013 Korea traditional embroidery (3 Years).

ARTWORK TITLE: Propose   MATERIAL: silk, silk threads
SIZE: 35cm×65cm

ARTWORK TITLE: Embroidered Spoon case   MATERIAL: silk, silk threads
SIZE: 29cm×11cm

ARTIST NAME: Lee Kyunghee
COUNTRY: Republic of Korea

CURRICULUM VITAE:
Completion of a course of Professional Embroidery in Sookmyung University.

ARTWORK TITLE: 草虫图   MATERIAL: silk, silk threads   SIZE: 35cm×50cm

ARTIST NAME: Jin Eunju
COUNTRY: Republic of Korea

CURRICULUM VITAE:
Completion of a course of Korea traditional Embroidery in Korea Cultural House.

ARTIST NAME: Lee Taehyun
COUNTRY: Republic of Korea

CURRICULUM VITAE:
2012-2013 Korea Cultural House, Korea traditional embroidery.
2013 Kang Nueng Korea Festival.
2013 Korea New Art Festival.

ARTWORK TITLE: Insignia with Embroidered Turtle Design
MATERIAL: silk, gold thread, silver thread   SIZE: 23cm×25cm

ARTWORK TITLE: Dear My Father   MATERIAL: silk, silk threads
SIZE: 22cm×30cm

姓名：刘娜
国籍：中国

简历：天津美术学院副教授。

作品名称：《围·困》　　材料：棉布　　尺寸：150cm×120cm×50cm

姓名：李薇
国籍：中国

简历：清华大学美术学院教授、博士生导师、留法访问学者。李薇在从事服装艺术设计教育的同时，一直坚持服装设计与艺术创作，并潜心于学术研究。自1995年至今，在意大利、巴黎、广州等举办了五次运用不同表达媒介的个人艺术展，在全世界范围内的法国、德国、意大利、哥伦比亚、西班牙、俄罗斯、荷兰、韩国、蒙古国，以及中国香港、澳门及内地国家博物馆、中国科技馆、中国美术馆、奥加美术馆、中国丝绸博物馆等参与多次围绕新艺术形态及艺术设计主题的群展。

作品名称：《韵致》　**材料**：绣花线、丝绸　**尺寸**：60cm×140cm

姓名：李迎军
国籍：中国

简历：北京服装学院设计艺术学在读博士、清华大学美术学院副教授。致力于"民族文化与时尚流行"的研究，《绿林英雄》、《线路地图》、《精武门》等设计作品多次荣获多项国际、全国专业设计比赛金、银奖及国家奖。

作品名称：《旧》　材料：棉线、丝线、彩珠、金属　尺寸：160cm×160cm

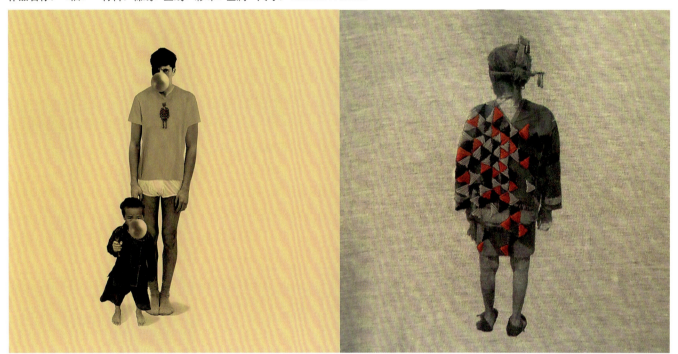

ARTIST NAME: Megumi Aikawa
COUNTRY: Japan

CURRICULUM VITAE:
Assistant, Joshibi University of Art and Design, Major:Textiles Education.
2006   BA, Joshibi University Art and Design, Major : Weaving.
2008   MFA, Joshibi University Art and Design, Major : Weaving Exhibition.
2006-2011   'Visual Art, Japan Floss Silk Association' Tanaka Yaesu Gallery.
2007   'Nunoiro : Colors of Textiles' Senbikiya Gallery, Tokyo.
2008   'JFW Japan Creation 2009' Emerging Artist Award, Tokyo Big Sight.
2010   'Textile Art: Miniature 1 Hyakkasaisai百花彩才' Roof Gallery, Tokyo.
2011   'Textile Art: Miniature 2 Hyakkaseihou百花齐放' Gallery 5610, Tokyo.
2012   '5 Artists' Exhibition' Omotesando ART·IN·GALLERY, Tokyo.

ARTWORK TITLE: COCOON   MATERIAL: floss silk, silk threads, silver threads, gold threads   SIZE: 240cm×120cm

姓名：马坤
国籍：中国

简历：2006年毕业于天津美术学院，硕士研究生。现任教于天津商业大学设计学院动画系。

作品名称：《爱的探索》《美丽的花》　材料：棉线　尺寸：100cm×100cm、60cm×60cm

姓名：马彦霞
国籍：中国

简历：天津美术学院服装染织系副教授。
中国工艺美术家学会会员。
中国纤维艺术协会理事。
天津美术协会会员。
作品多次选入参加国际及国内大展，发表多篇论文及著作并获奖。

作品名称：《线》　材料：棉纤维　尺寸：70cm×120cm

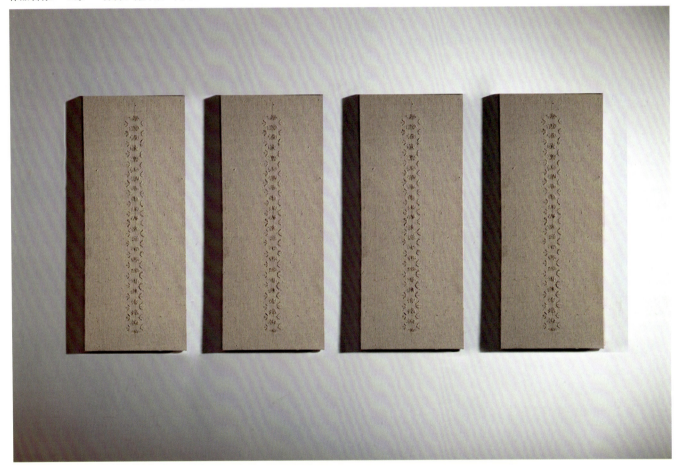

ARTIST NAME: Nobuyo Okada
COUNTRY: Japan

CURRICULUM VITAE:
Professor, Joshibi University Arts and Crafts.
Director, Joshibi Research Institute.
Chairman, Japanese Institute of Costume and Textile.
Director, The Dainippon Silk Foundation.
1973   Joshibi Junior College of Fine Arts, Post graduated Course.
1995   Bachelor of Arts. Women's University, Major: Living Arts.
1998   Solo Exhibition, Okada Nobuyo Embroidery Works , Tokyo Royal Museum.
1981, 2013   Sankikai Exhibition, Metropolitan Museum, Tokyo.
1995   Association of Japanese Galleries, Tokyo Central Annex.
Member of The Japan Society for the Conservation of Cultural Property.
Responsible person in charge of restoration of important cultural properties damaged by the 2011 Great East Japan Earthquake.

ARTWORK TITLE: Pine Needles   MATERIAL: silk fabric, tussah silk, silk threads, gold threads   SIZE: 150cm (W) ×200cm (H)

ARTIST NAME: Noriko Aotani
COUNTRY: Japan

CURRICULUM VITAE:
Born in 1986.
Part-time Lecturer, Joshibi University of Art and Design, Major: Textiles Education.
2010　MFA, Joshibi University Art and Design, Major: Embroidery Solo Exhibition.
2011　'Recipe of soil, morning dew, and leaves'　Gallery AB-OVO, Tokyo.
2011　'Destination of my heart to flow and fall'　Gallery Kobo, Tokyo.
2013　'When it is misted to the other side of the fog'　Gallery Another Function, Tokyo.
2013　'Namida no Ondo: Sense of Tears'　Gallery Kobo, Tokyo Selected Exhibition.
2012　'Learning Embroidery: Stitch. Art. Identity'　Joshibi Art Museum.

ARTWORK TITLE: Destination of Mind
MATERIAL: silk cloth, silk threads, silver threads, gold threads, wire　SIZE: 150cm (W) ×200cm (H)

ARTIST NAME: Park Sehee
COUNTRY: Republic of Korea

CURRICULUM VITAE:
2012 Korea New Art Festival (embroidery: Excellence Award).
2013 Korea Gangneung Dano Festival (Special Award).
2013 Korea Ongung Art Festival (Craft : Special Award).

ARTWORK TITLE: The Palanquin Carrying Queen Jeongsun   MATERIAL: silk, silk threads   SIZE: 100cm×48cm

姓名：桥本　圭也
国籍：日本

简历：1973年　出生（日本福岛县）。
　　　2001年　东京艺术大学大学院美术研究科工艺系染织专业，获硕士学位。
　　　2004年　Voice of site Tokyo-Chicago-Newyork。
　　　2008年　工艺考CONTEMPLATING CRAFTS（日本）。
　　　2010年　个展'Light/Shadow'（东京都庭园美术馆）。
　　　2013年　"中日茶文化交流展"。
　　　现任东京艺术大学美术学部讲师，昭和女子大学生活科学部环境设计学科讲师。

作品名称：Square　材料：棉　尺寸：30cm（W）×37.5cm（H）

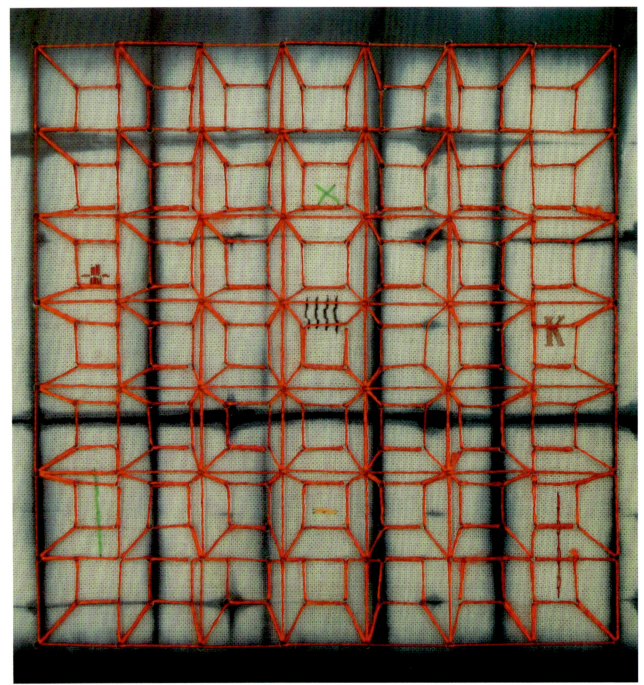

姓名：秦寄岗
国籍：中国

简历：清华大学美术学院染织服装系副教授，从事多年专业教学与研究工作。

作品名称：《一霎嫣红》　　材料：丝绸、珠片、丝线　　尺寸：60cm×90cm

姓名：孙晗
国籍：中国

简历：硕士学位。
从事专业：油画、艺术设计。
2003年　毕业于天津美术学院版画系。
2004年　任教于天津大学视觉艺术系。

作品名称：《黑旗袍》　材料：亚麻布、油彩、棉布、毛线　尺寸：120cm×80cm

ARTIST NAME: Son. Eunsoon
COUNTRY: Republic of Korea

CURRICULUM VITAE:
Embroidery artist(2007 -).
Completion of a course of Professional Embroidery in Sookmyung University.
Completion of Korean traditional embroidery course at KOUS (Korea Cultural House).
Her artworks are shown annually in exhibitions.
Grand Prize and two Excellence Awards from Korea New Art Festival.
Special Award form the International Tradition Arts Exhibition.

ARTIST NAME: Ham. Sanghee
COUNTRY: Republic of Korea

CURRICULUM VITAE:
Completion of a course of Professional Embroidery in Sookmyung University.

ARTWORK TITLE: Purse with Pearl and Golden Thread   MATERIAL: silk, silk threads
SIZE: 25cm (W) × 27cm (H) ×7cm (D)

ARTWORK TITLE: Grass and Insects   MATERIAL: folding screen
SIZE: 120cm × 140cm

姓名：沈晓平
国籍：中国

简历：天津美术学院设计艺术学院服装染织设计系教授。
　　　2007~2008年　新西兰尤尼泰克理工学院和奥克兰商学院访问学者及研修。
　　　2008年　作品获"亚洲联盟超越设计展"最佳作品奖。
　　　2008年　作品参展"中日纤维艺术交流展"。
　　　2011年　作品参展"2011年国际拼布艺术展"。
　　　2012年　作品参展"2012年国际植物染艺术大展"。
　　　2013年　作品参展"2013年国际纹织艺术大展"。

作品名称：《溢出的绣线》　　材料：麻纤维、棉纤维　　尺寸：150cm×200cm

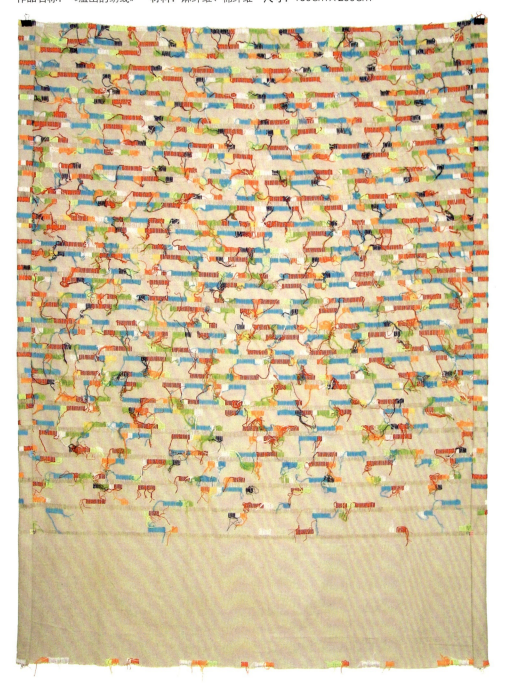

姓名：上原　利丸
国籍：日本

简历：1955年　出生（日本鹿儿岛县）。
　　　1979年　"丝绸博物馆20周年纪念特别展"（获丝绸博物馆奖）。
　　　1981年　东京艺术大学大学院美术研究科工艺系染织专业，获硕士学位。
　　　2001年　第40届日本现代工艺美术展（获NHK主席奖）。
　　　2004年　前进工艺展（日本田边市立美术馆）。
　　　2007年　第39届日展（获特选作品）。
　　　2012年　个展"利丸染色作品展"（银座／光画廊）。
　　　2013 年　"中日茶文化交流展"。
　　　现任东京艺术大学美术学部副教授，日本现代工艺美术家协会会员。

作品名称：《带/松竹梅》　　材料：丝、酸性染料　尺寸：32cm（W）×300cm（H）

姓名：田青
国籍：中国

简历：清华大学美术学院教授，博士生导师。
中国纺织服装教育学会理事。
中国家纺协会设计师分会副主席。
中国流行色协会理事。
中国科学技术协会决策咨询专家库专家。
中国美术家协会会员。

作品名称：《境》　材料：丝、毛　尺寸：35cm×460cm

姓名：王斌
国籍：中国

简历：山东工艺美术学院教师，从事纤维与染织艺术设计的教学与研究工作。

作品名称：《生活·格调》　材料：棉布、化纤布、化纤线　尺寸：120cm×200cm

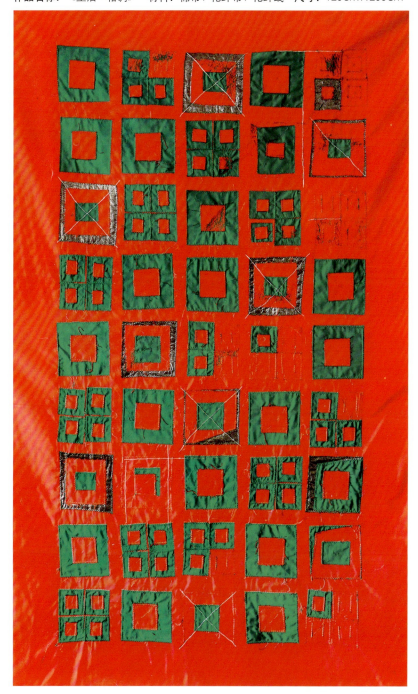

姓名：吴波
国籍：中国

简历：清华大学美术学院副教授。
作品多次参加"全国美术作品展览"艺术设计展、联合国教科文组织"DESIGN 21"设计大展、"艺术与科学国际作品展"、"亚洲纤维艺术展"、"国际纤维艺术双年展"等中、外展览。在国内、国际赛事中获多项金、银奖。并荣获"国际最佳青年服装设计师"称号。

作品名称：《颂》　材料：毛毡、绡、线　尺寸：1套

姓名：王丹丹
国籍：中国

简历：2012年7月　毕业于西安美术学院，获硕士学位。
2012年9月　留校任教于西安美术学院。
2013年　指导的"全国纺织品艺术设计大赛"参赛地毯，其中多名学生获得重要奖项。
2013年　受中央电视台邀请进行个人专访，并拍摄录制服装设计作品《墨荷》，
并成功签约了"SG圣德瑞拉"服装品牌公司。

作品名称：《秦绣·红剪》　材料：真丝纱罗网、硬纱　尺寸：1套

姓名：王晶晶
国籍：中国

简历：毕业于清华大学美术学院，获硕士学位。
作品多次参加国内、国际艺术大展，包括"第二届亚洲纤维艺术展"、"第九届亚洲纤维艺术展"、"国际纹织艺术设计大展暨理论研讨会"、"国际植物染艺术设计大展"、"国际纹织艺术设计大展"等。

作品名称：《鱼鸟兽系列》　材料：综合材料　尺寸：500cm×120cm

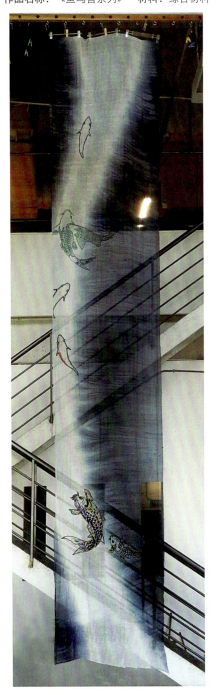

姓名：吴晓平
国籍：中国

简历：1953年出生。1971年从事刺绣创作。高级工艺美术师，江苏省工艺美术大师，省非遗传承人。现任吴晓平刺绣工作室技术总监。擅长仿古山水双面绣和水墨写意绣，形成独特的扬绣风格。在全国刺绣评比中屡获大奖，培养多名艺徒。热心公益事业，为刺绣技艺传承作出了贡献，在全国绣坛赢得荣誉和地位。

作品名称：《海峤春华》　材料：真丝线、真丝绢纱配以红木框架，宋锦装裱　尺寸：165cm×110cm

姓名：吴越齐
国籍：中国

简历：广州美术学院工业设计学院纤维艺术设计工作室讲师。
　　　2005年7月　毕业于清华大学美术学院染织服装艺术设计系，获文学学士学位。
　　　2009年7月　毕业于清华大学美术学院染织服装艺术设计系，获文学硕士学位。

作品名称：《红韵》　材料：绣花线、丝绸　尺寸：50cm×150cm

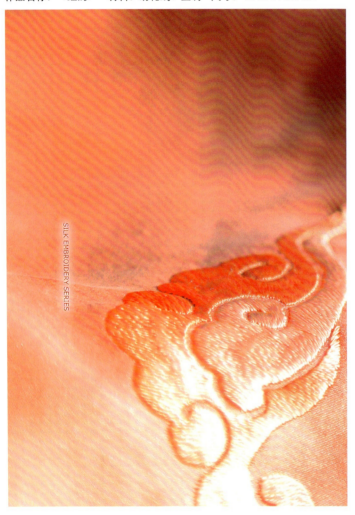

姓名：姚惠芬
国籍：中国

简历：江苏苏州人。研究员级高级工艺美术师、国家级非物质文化遗产项目（苏绣）代表性传承人、首届中国刺绣艺术大师、江苏省工艺美术大师、江苏省有突出贡献的中青年专家、首届姑苏文化产业领军重点人才；一代"针神"沈寿的第四代传人。现为中国工艺美术协会理事会员、中国民间文艺家协会会员、苏州姚惠芬艺术刺绣研究所艺术总监。

作品名称：《苏州新梦——园林1》《苏州新梦——园林2》　材料：苏州真丝　尺寸：65cm×125cm

姓名：杨建军
国籍：中国

简历：清华大学美术学院染织服装艺术设计系副教授。
1998年1月　毕业于中央工艺美术学院（现清华大学美术学院）染织服装艺术设计系，获文学硕士学位并留校任教至今。

作品名称：《吉祥鸟》　　材料：绣花线　　尺寸：80cm×60cm

姓名：杨颐
国籍：中国

简历：广州美术学院工业设计学院讲师，毕业于天津工业大学。获设计艺术学硕士学位。曾赴法国ESMOD国际服装学院深造，并在法国及国内品牌服装公司从事产品开发工作。专注家纺、面料设计与开发的教学事业，跨界游走于服装、家纺及家居软装设计之间。

作品名称：《繁华迷住了眼睛》　　**材料**：棉麻　　**尺寸**：50cm×50cm

姓名：张宝华
国籍：中国

简历：清华大学美术学院染织服装艺术设计系副主任、副教授、硕士生导师。
中华全国工商业联合会纺织服装商会专家委员会委员。
中国家用纺织品行业协会设计师分会副会长。
中国流行色协会色彩教育委员会委员。
NCS(Natural Color System)中国地区特约色彩专家。
1990年　毕业于中央工艺美术学院染织艺术设计专业，获学士学位。
2003年　毕业于香港理工大学纺织品及服装设计专业，获硕士学位。

作品名称：《静》　材料：麻与化纤交织　尺寸：30cm×140cm

姓名：张红娟
国籍：中国

简历：清华大学美术学院染织服装艺术设计系讲师。纤维艺术作品曾多次参加国内外展览，设计作品多次在国内外专业大赛中获奖，发表论文十余篇。主要研究方向：中国室内纺织文化、传统染织工艺及设计研究。

作品名称：《绽放·生命》　材料：真丝　尺寸：100cm×160cm

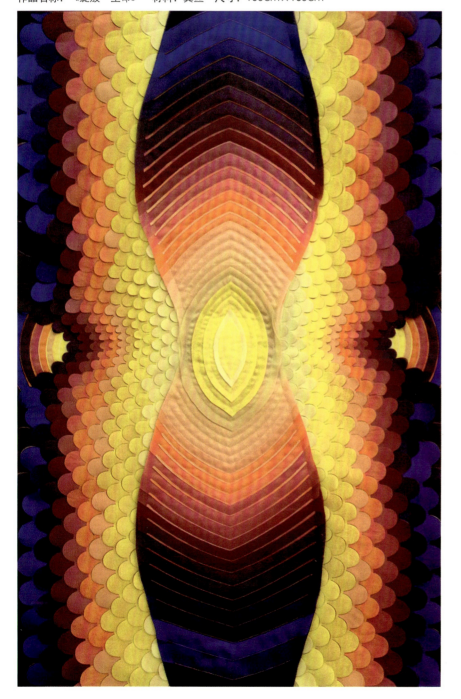

姓名：张靖婕
国籍：中国

简历：任教于山东工艺美术学院，主要研究方向为染织与纤维艺术的新材料应用。

作品名称："周而复始"系列　材料：棉布、线　尺寸：50cm×46cm

姓名：张树新
国籍：中国

简历：清华大学美术学院染织系副教授、硕士生导师。
北京工艺美术学会理事、中国工艺美术学会纤维艺术专业委员会理事。
主要从事传统染织艺术研究、染织艺术设计与应用研究，其作品多次参加国内外重要展览。

作品名称：《春秋》　材料：丝线　尺寸：80cm×60cm

姓名：郑晓红
国籍：中国

简历：中国人民大学艺术学院副教授，硕士生导师。1999年3月毕业于日本多摩美术大学工业设计系染织设计专业。曾任日本Hishinuma设计事务所设计师、日本WATANABE TEXTILE ART STUDIO研究员、日本Hamano综合研究所客座研究员、日本染织设计家协会会员、日本色彩学会会员、中国美术家协会会员等。

作品名称：《毛毡刺绣作品系列：幽、纱、绚、纽》　材料：羊毛、综合材料　尺寸：40cm×40cm×4枚

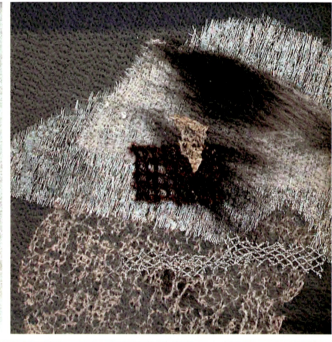

姓名：朱小珊
国籍：中国

简历：清华大学美术学院染织服装艺术设计系副教授。
作品多次参加"全国美展艺术设计展"、"艺术与科学国际作品展"、"亚洲纤维艺术展"、"国际纤维艺术双年展"等中、外展览。曾发表、出版《纸上的游戏》、《衣服中的情感》、《服装设计基础》、《服装配饰剪裁教程》、《艺术设计赏析》、《服装工艺基础》等论文和教材。

作品名称：《忆·唐》　材料：毛毡、真丝绡、线　尺寸：1套

姓名：臧迎春
国籍：中国

简历：清华大学美术学院博士、副教授；英国布莱顿大学荣誉教授；"花隐"品牌艺术设计总监。

姓名：詹凯
国籍：中国

简历：北京服装学院教授、英国皇家艺术学院访问学者、文化艺术传承与设计创新中心主任。

姓名：郑叶青
国籍：中国

简历：苏州高新区"叶绣"服饰刺绣文化研究中心主任。

作品名称：《自然之舞》　材料：羊绒、真丝　尺寸：150cm×150cm

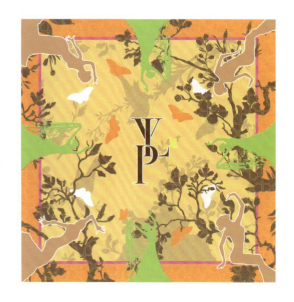

姓名：朱医乐
国籍：中国

简历：天津美术学院服装染织系书记、副主任、副教授。
中国工艺美术家学会会员。
中国纤维艺术协会理事。
天津美术协会会员。
作品多次选入参加国际及国内大展并获奖，发表多篇论文及著作。

作品名称：《锦绣》　材料：棉纤维　尺寸：150cm×120cm

姓名：朱轶姝
国籍：中国

简历：1977年　出生（中国北京）。
　　　2000年　清华大学美术学院染织服装艺术设计系毕业。
　　　2005年　东京艺术大学大学院美术研究科工艺系染织专业，获硕士学位。
　　　2009年　东京艺术大学大学院美术研究科工艺系染织专业，获博士学位。
　　　2006年　"第10届和服设计赛"（获优秀作品）。
　　　2008年　"第6届日中现代艺术作品交流展"（入选）。
　　　2012年　"第22届日本全国染织作品展"（获金奖）。
　　　现任东京艺术大学美术学部染织系助教。

作品名称：《盛开》　材料：毛、人造丝　尺寸：68cm（W）×168cm（H）

姓名：关帅
国籍：中国

简历：1988年生人。2008年就读于鲁迅美术学院染织艺术设计专业。现就业于深圳某家纺公司，十分热爱设计。

作品名称：《簇》（效果图）　**材料**：提花40缎、绣线　**尺寸**：被套203cm×229cm、平枕74cm×48cm×2、大衬枕85cm×60cm×2、中枕35cm×45cm×1、方抱50cm×50cm×1、被搭105cm×70cm×1

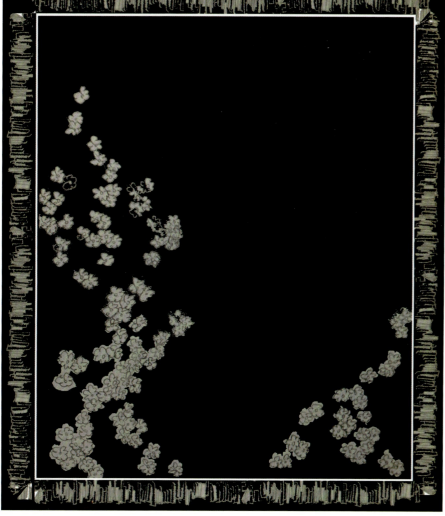

姓名：李方舟
国籍：中国

简历：鲁迅美术学院沈阳校区染织服装设计系染织专业大三学生。
参加2013鲁迅美术学院"魅力单车骑行"活动，获二等奖。
家纺系列作品《清游》入围"第九届中国领带名城杯"花型丝品设计大赛获优秀奖。
获2013 鲁迅美术学院　校一等奖学金等。
作品《展现自我》获"中国轻纺城杯"2013中国国际面料创意大赛，花样设计分赛服饰面料组优秀奖。
参加2013鲁迅美术学院第一届速塑大赛，获三等奖。
参加2013鲁迅美术学院"笔尖下的校园"手绘接力大赛，获二等奖。

作品名称：《虚无123》《禁锢》《冬日风情》　　材料：卡其米线；网线、棉棒、羽毛、白布、手纸；丝光线
尺寸：72cm×83cm、71cm×87cm、60cm×96cm；40cm×40cm；51cm×45cm

姓名：罗楠
国籍：中国

简历：2009~2013年　清华大学美术学院染织艺术设计专业，本科。
　　　2013年至今　清华大学美术学院染织艺术设计专业，硕士在读。

作品名称：《青色烟雨》　材料：绣线、磨毛布　尺寸：床品八件套

姓名：刘亚
国籍：中国

简历：现为清华大学美术学院染服系硕士研究生在读。
曾获得2013年国家励志奖学金、2014年国家纺织部"纺织之光"奖学金。

作品名称：《落花流水》　**材料**：真丝　**尺寸**：40cm×200cm

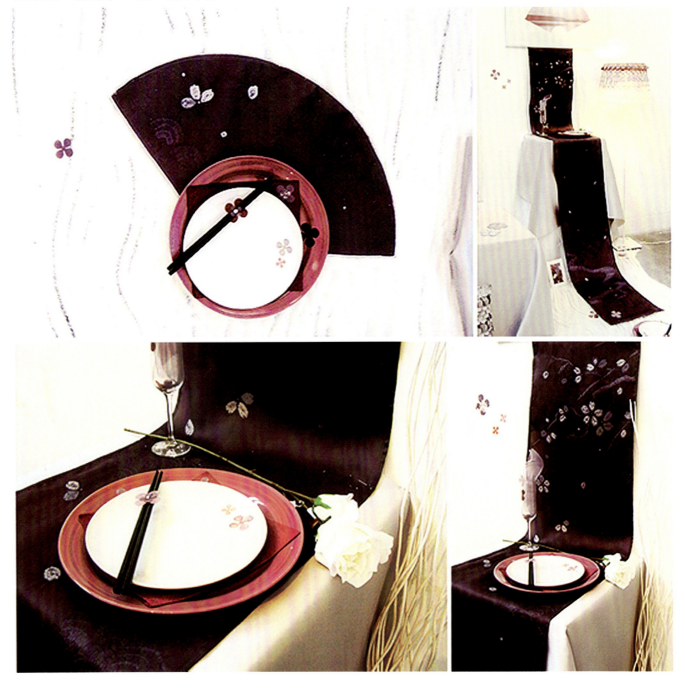

姓名：刘玥
国籍：中国

简历：2009年　就读于清华大学美术学院染织艺术设计专业，本科。

作品名称：《绣语》　材料：绡、羊毛毡　尺寸：55cm×55cm

姓名：马颖
国籍：中国

简历：清华大学美术学院染织艺术设计系学士、硕士。
作品多次参加国内外展览与纺织品设计大赛，并获得金、银等多项大奖。

作品名称：《雨中伞》　　材料：丝绸　　尺寸：30cm×35cm

姓名：牛海勇
国籍：中国

简历：1990年出生于吉林省通化市辉南县，2009~2013年于辽宁省沈阳市鲁迅美术学院读书，在校期间曾获得二等、三等和国家励志奖学金。2013年7月毕业于鲁迅美术学院并获得学士学位。

作品名称：《饰》　材料：布、绣线　尺寸：95cm×70cm

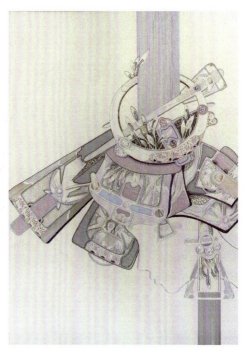

姓名：钮锟
国籍：中国

简历：西安美术学院服装设计专业硕士在读。曾获西安美术学院优秀学生作品一等奖，作品《扇语霓裳》被西安美术学院收藏。

作品名称：《绣·趣》　材料：丙烯、毛线　尺寸：80cm×60cm

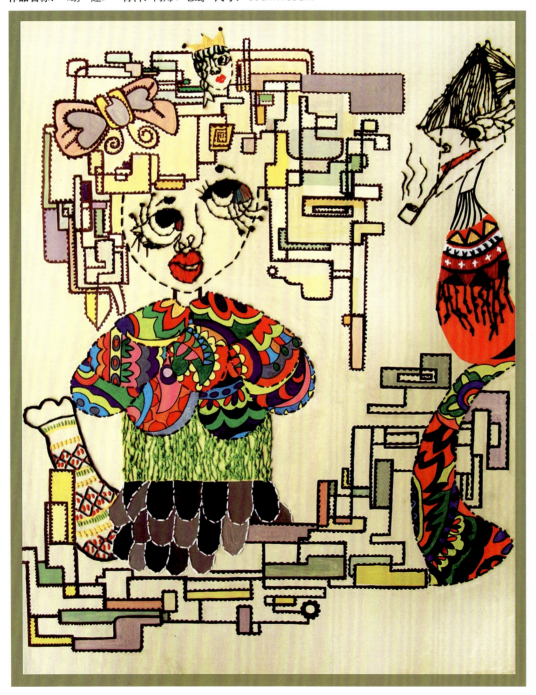

姓名：潘鑫
国籍：中国

简历：1990年10月16日 出生，大连人。
2006~2009年 就读于大连市第十五中学。
2009~2013年 就读于鲁迅美术学院染织专业，获学士学位。在校期间多次获校奖学金。
2013年至今 现就职于香港雅兰集团 雅兰实业（深圳）有限公司，任花稿设计师。

作品名称：Harmony in Love　材料：棉布、水彩、丝光线　尺寸：80cm×100cm、50cm×100cm、80cm×100cm

姓名：钱茵
国籍：中国

简历：祖籍江西。2009年考入西安美术学院服装系。2013年保送西安美术学院服装系，系主任张莉教授全日制专业型硕士研究生。2012年"第十二届全国纺织品设计大赛"参赛作品在清华大学美术学院展出。2012年作品《春花秋实》入选《中国大学生美术作品年鉴》。2013年"西安美术学院时空留痕毕业展"在西部美术馆展出并荣获二等奖。

作品名称：《秦韵绵延》　材料：真丝纱罗网、真丝线　尺寸：21cm×279cm

姓名：王一婧
国籍：中国

简历：2008年考入西安美术学院服装系。2012年保送本院研究生，现读二年级。多幅国画作品获省市级奖。古筝九级等级证书。2011年入围"陕西延长石油职业装大赛"。2012年获毕业设计一等奖。曾为陕西电视台主持人和西安"开元商城"设计职业装。

作品名称：《禅语·衣道》　　材料：棉、金线、锦纶、聚酯纤维　　尺寸：胸围102cm、腰围93cm、臀围100cm

姓名：徐静丹
国籍：中国

简历：1999~2003年　大连工业大学艺术设计学院，学士学位。
　　　2006~2012年　北京加鼎地毯有限公司，设计部经理。
　　　2012年至今　清华大学美术学院染织服装艺术设计系，硕士。

作品名称：《四季》　材料：毛毡　尺寸：80cm×120cm

姓名：杨锦雁
国籍：中国

简历：2010年　清华大学美术学院硕士研究生毕业。
　　　作品《奇色异彩》2010年获"全国纺织品设计大赛"铜奖。
　　　作品《山水之间》系列作品入选2010年"第七届亚洲纤维艺术展"。
　　　作品《万物生》入选2010年"从洛桑到北京——第六届国际纤维艺术双年展"。
　　　作品《寻找香巴拉》入选"2011国际拼布艺术展——传承与创新"。

作品名称：《阿锦系列——8号》　材料：棉布　尺寸：100cm×160cm

姓名：张笑醒
国籍：中国

简历：2009~2013年　清华大学美术学院染织艺术设计专业，本科。
　　　2013年至今　清华大学美术学院染织艺术设计专业，硕士。

作品名称：《化纱》　　材料：牛皮、欧根纱、回收纱线　尺寸：4件

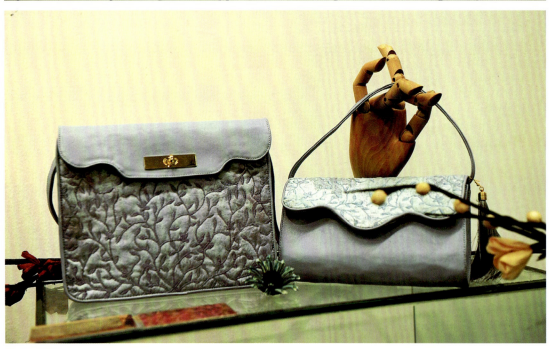

民间刺绣作品

Folk Embroidery Works

戏曲刺绣展品（1） 中国中华文化促进会织染绣艺术中心 张琴提供

戏曲刺绣展品（2） 中国中华文化促进会织染绣艺术中心　张琴提供

戏曲刺绣展品（3） 中国中华文化促进会织染绣艺术中心 张琴提供

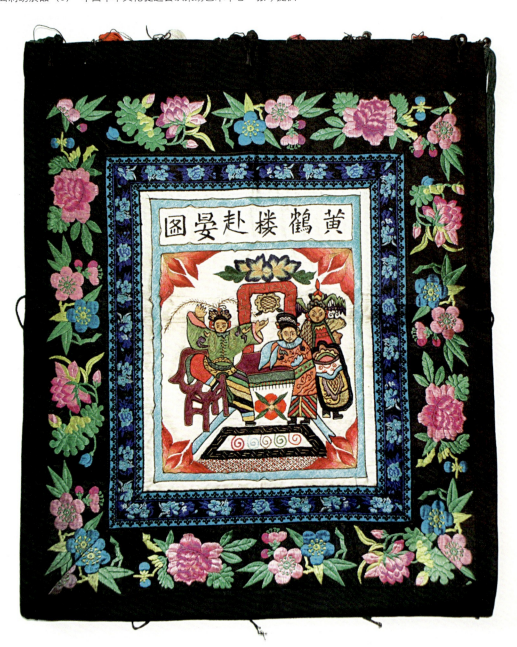

戏曲刺绣展品（4） 中国中华文化促进会织染绣艺术中心 张琴提供

戏曲刺绣展品（5） 中国中华文化促进会织染绣艺术中心 张琴提供

戏曲刺绣展品（6） 中国中华文化促进会织染绣艺术中心 张琴提供

戏曲刺绣展品（7）　中国中华文化促进会织染绣艺术中心　张琴提供

戏曲刺绣展品（8） 中国中华文化促进会织染绣艺术中心 张琴提供

贵州施洞苗族刺绣服装　中国

贵州苗族刺绣服装　中国

贵州苗族刺绣背带　中国

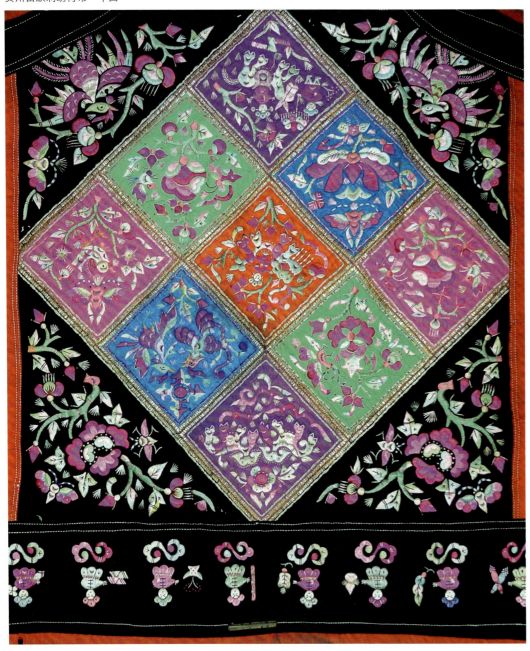

贵州侗族刺绣背带　中国

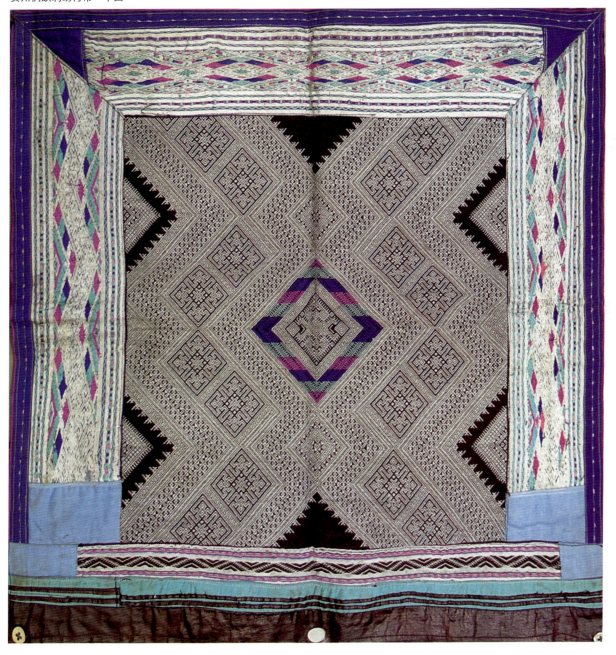

贵州苗族民间刺绣（1） 中国

贵州苗族民间刺绣（2） 中国

贵州苗族民间刺绣（3） 中国

贵州苗族民间刺绣（4） 中国

埃及民间刺绣　埃及

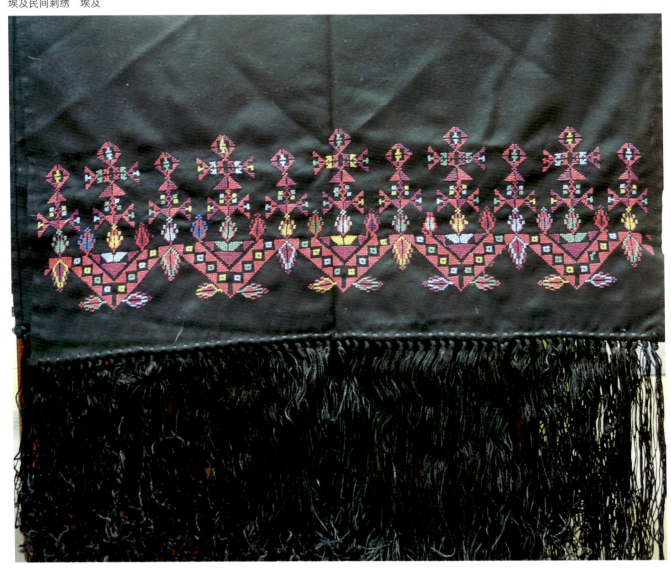

墨西哥民间刺绣（1） 墨西哥

墨西哥民间刺绣(2) 墨西哥

土耳其民间刺绣(1) 土耳其

印度民间刺绣 印度

印度民间刺绣　印度

纺织艺术设计
TEXTILE DESIGN

2014年第十四届全国纺织品设计大赛暨国际理论研讨会
14TH CHINA TEXTILE DESIGN COMPETITION & INTERNATIONAL CONFERENCE 2014

2014年国际刺绣艺术设计大展——传承与创新
INTERNATIONAL EMBROIDERY ART EXHIBITION — INHERITANCE & INNOVATION 2014

国际刺绣作品集
WORKS COLLECTION OF INTERNATIONAL EMBROIDERY

主办单位： 清华大学艺术与科学研究中心

联合举办： 中国家用纺织品行业协会
中国纺织服装教育学会
中国流行色协会
中国工艺美术协会
清华大学美术学院

承办单位： 清华大学美术学院染织服装艺术设计系

组委会： 全国纺织品设计大赛暨国际理论研讨会组委会成员（按姓氏笔画排序）
王　利　天津美术学院　教授
王庆珍　鲁迅美术学院　教授
田　青　清华大学美术学院　教授
朱尽晖　西安美术学院　教授
朱医乐　天津美术学院　副教授
李加林　浙江理工大学　教授
吴海燕　中国美术学院　教授
余　强　四川美术学院　教授
张　莉　西安美术学院　教授
张　毅　江南大学纺织服装学院　副教授
张宝华　清华大学美术学院　副教授
张树新　清华大学美术学院　副教授
陈　立　清华大学美术学院　副教授
庞　绮　北京服装学院　教授
郑晓红　中国人民大学　副教授
秦岱华　清华大学美术学院　副教授
贾京生　清华大学美术学院　教授
龚建培　南京艺术学院　教授
霍　康　广州美术学院　教授

参展单位：

日本东京艺术大学
昭和女子大学
日本女子美术大学
韩国淑明女子大学
韩国圆光大学
韩国国立大学
Korea Cultural House
印度尼西亚万隆科技大学
印度民间刺绣艺术家
土耳其民间刺绣艺术家
埃及民间刺绣艺术家
墨西哥民间刺绣艺术家
香港理工大学
中国民间刺绣艺术家
中华文化促进会织染绣艺术中心
清华大学美术学院
中国美术学院
鲁迅美术学院
广州美术学院
南京艺术学院
四川美术学院
西安美术学院
北京服装学院
天津美术学院

天津工业大学
湖北美术学院
中国人民大学
山东工艺美术学院
浙江理工大学
北京联合大学师范学院
江南大学纺织服装学院
南通大学
青岛大学
中国防卫科技学院
东北大学
安徽农业大学
河南工程学院
南通纺织职业技术学院
北京经贸职业学院
深圳大学艺术设计学院
盐城工学院纺织服装学院
中国青年出版社
文化部恭王府管理中心
吴晓平刺绣工作室
北京雪莲羊绒股份有限公司

（排名不分先后）

活动内容与时间：

国际理论研讨会：2014年4月14日
纺织设计作品展：2014年4月14日—4月22日
国际刺绣艺术展：2014年4月14日—4月22日

地　　点： 清华大学美术学院

赞助单位： 广州英爱贸易有限公司
　　　　　　清华大学GUCCI艺术教育基金
　　　　　　山东如意科技集团有限公司
　　　　　　中国建筑工业出版社

标识设计： 田旭桐

顾　问： 田　青

策　划： 张宝华

策　展： 杨冬江

清华大学艺术与科学研究中心
2014年全国纺织品设计大赛暨国际理论研讨会组委会
中国家用纺织品行业协会
中国纺织服装教育学会
中国工艺美术协会
中国流行色协会
清华大学美术学院染织服装艺术设计系
2014年4月